我的第一本科学漫画书

热带雨林
历险记③

塔兰托毒蛛

我的第一本科学漫画书

热带雨林历险记 ③

塔兰托毒蛛

[韩] 洪在彻/文
[韩] 李泰虎/图
苟振红/译

21 二十一世纪出版社
21st Century Publishing House
全国百佳出版社

"哇,还有这么高的树啊?"

发出这种感慨,是初次前往婆罗洲热带雨林考察时。乘着船沿江而下,迎面而来的浩瀚雨林,令我惊得一时合不拢嘴。参天的雨林比城市里的摩天大厦还要高,枝繁叶茂,遮天蔽日。眼见这壮观的景色,想到雨林中繁衍生息着许多人类连名字都不知道的生物,不由得赞叹自然的神秘与伟大。

热带雨林可谓是地球的肺。热带雨林制造的氧气几乎占地球全部氧气量的一半左右;假如热带雨林消失了,二氧化碳将导致全球变暖,地球的气温就会持续上升,直至令人类消亡。据统计,全世界一千万种动物中,有一半以上生活在热带雨林中。马来半岛仅五十万平方米的热带雨林中的植物种类比整个北美大陆还要多。

热带雨林是未知的土地。人类对热带雨林还不及对月球了解得多,婆罗洲热带雨林的很多地方至今人类还未涉足。热带雨林(Jungle)一词源自古印度的梵文 Jangalam,意为"未开垦的地域"。那里有形形色色的美丽花朵和奇形怪状的昆虫,有能够在天上飞的蛇,还有生活在树上的青蛙等。热带雨林中,有很多我们匪夷所思的动物自由、和谐地生活在一起。

刚进入热带雨林时，四周被参天大树包围得严严实实，根本分不清东西南北。置身其中，让人有一种莫名的恐惧，很怕遭到毒蛇或猛兽的突然袭击。有时我们甚至想，独自一人要在热带雨林中生存，是不是几乎不可能？

　　书中我们的主人公小宇、阿拉和萨莉玛由于意外的事故闯入了神秘而危险的热带雨林。在雨林中他们遇到了什么呢？他们能够战胜雨林中的各种艰险，成功地生存下来吗？小朋友，现在就和他们一起去发现和体验热带雨林的神秘吧！

洪在彻、李泰虎　2009 年 10 月

目录

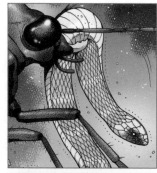

小宇

　　散漫、鲁莽、不断惹事的捣蛋鬼。是雨林探险队中最不安分的人。但当阿拉与萨莉玛陷入危险时,他会不惜牺牲性命舍身相救。

生存武器:木刀

优　点:在万分危险的状况中始终坚守"我们可以"的信念

弱　点:遇到紧急情况会突然晕厥

阿拉

　　为了拯救爸爸的生命,不顾危险自愿进入丛林寻找救援队的少女。遇到危险的瞬间她时常表现出恐惧,但危险也能激发出她自身潜在的勇气与力量。

生存武器:弹弓

优　点:帮助朋友的强烈愿望

弱　点:胆小

萨莉玛

　　理性而冷静的热带雨林少女战士，是可以信赖的向导和朋友。她为了寻找在丛林中失踪的哥哥而加入探险队，在途中发现了哥哥的丛林刀……

生存武器：竹枪
优　点：任何情况下都能保持沉着和理性
弱　点：讨厌令人窒息的小宇的臭屁

本册出现的奇异动物们

虎甲虫
特征：凶恶的肉食昆虫，陆地上腿脚最快的动物。

龙眼鸡
特征：翅膀上有色彩亮丽的斑纹，头上有弯曲的圆锥形突起。

苏门答腊犀牛
特征：世界上体型最小的犀牛，浑身覆盖着毛。

塔兰托毒蛛
特征：世界上最大的蜘蛛，恐怖的毒牙是它的致命武器。

第1章　眼镜王蛇之死

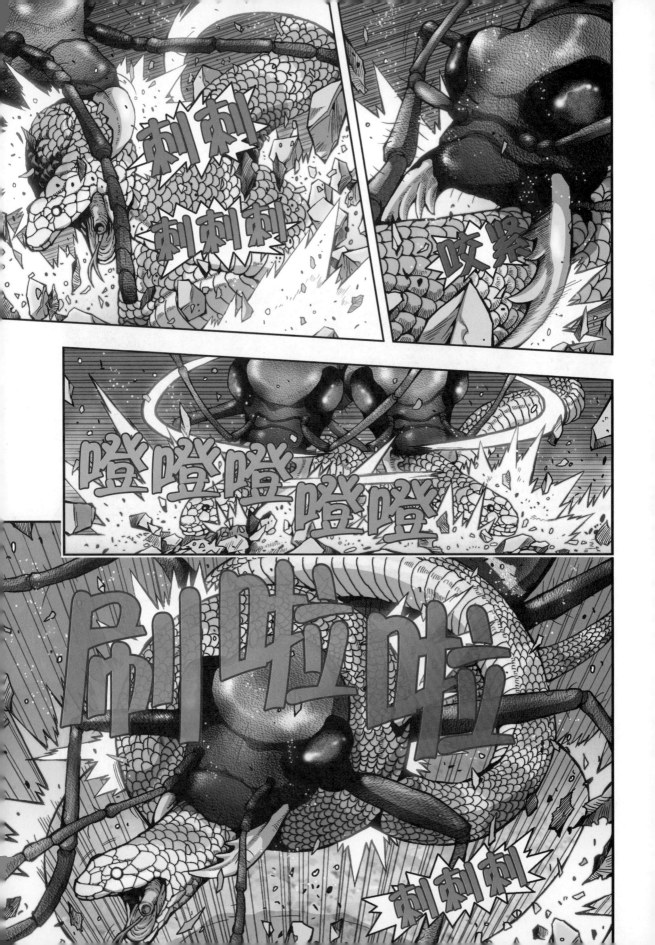

虽然不知道这是什么，但它肯定是怪物级别的，居然能在空中一口咬住正发起攻击的眼镜王蛇……

啊，是虎甲虫*！

＊虎甲虫(Tiger beetle)：鞘翅目昆虫，因其习性像老虎一样残暴而得名。

真……真厉害！

现在不是发呆的时候，雌王蛇在哪儿？

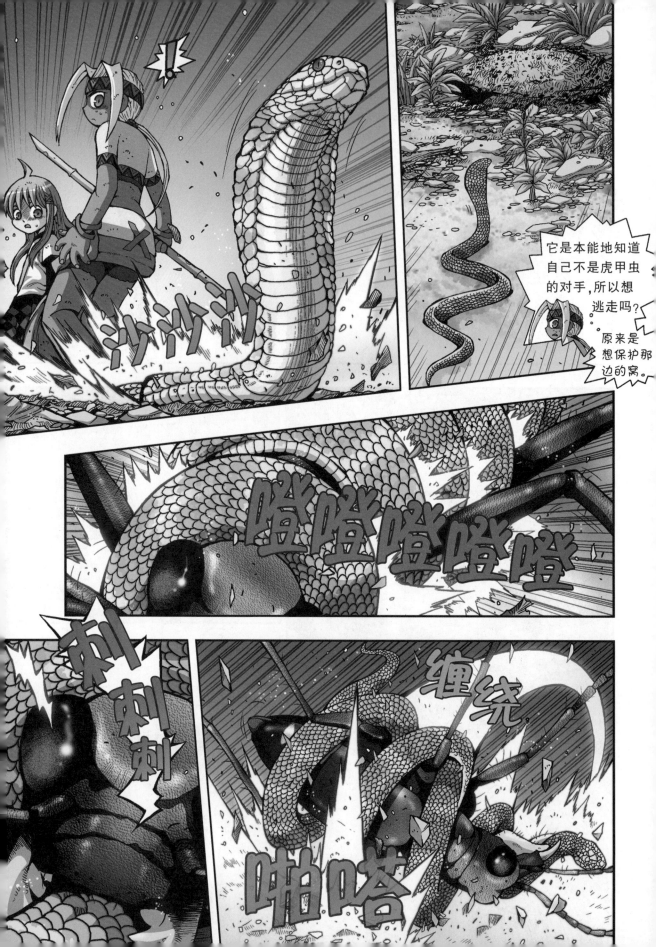

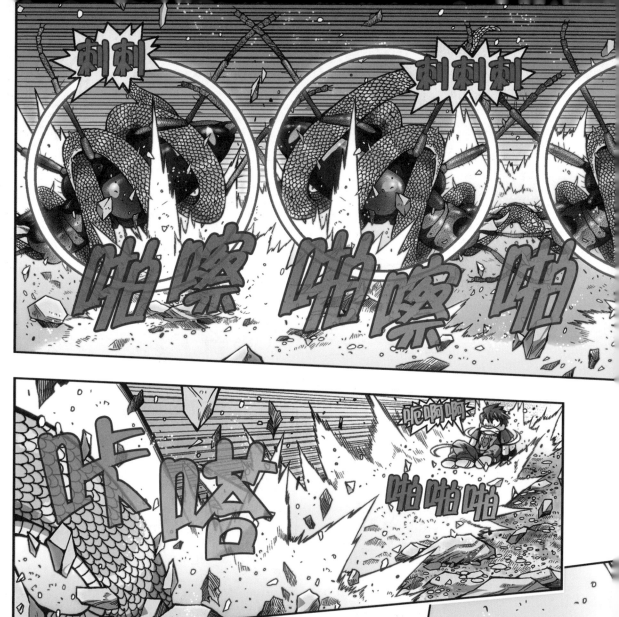

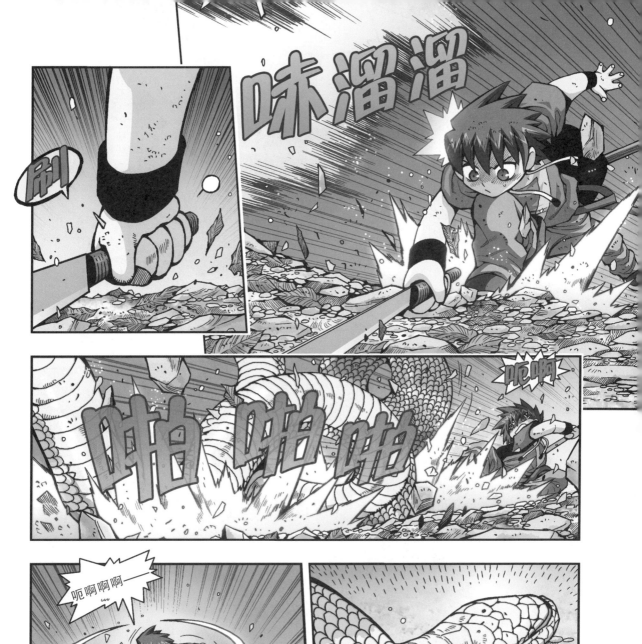

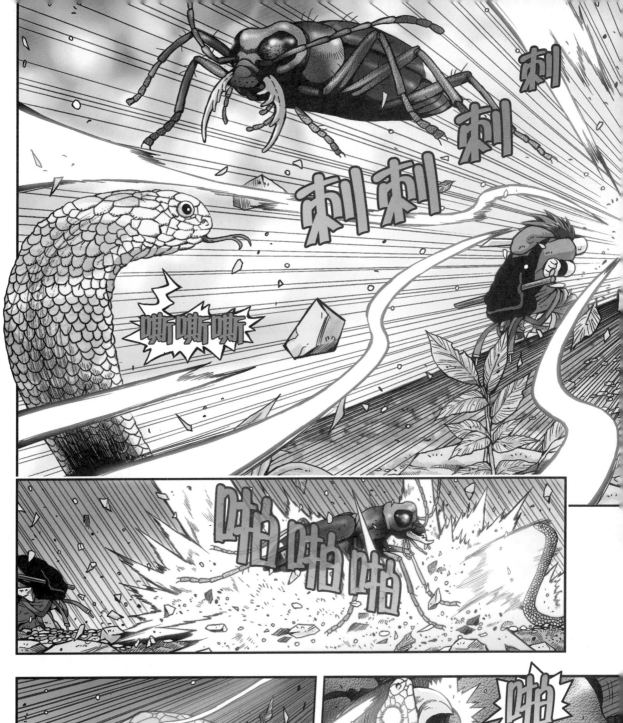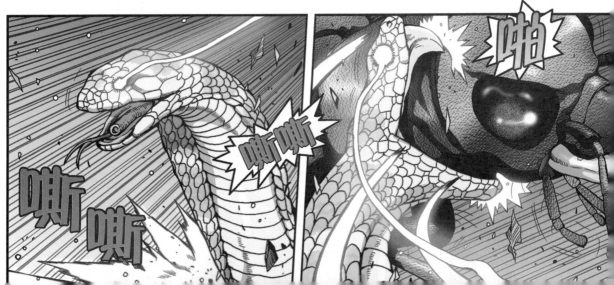

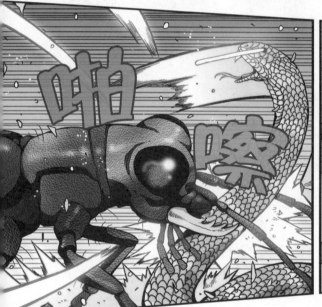

眼镜王蛇的毒牙扎
不进虎甲虫的外壳，
胜负已定了。

喂,快过来!

对,对啊,得赶紧逃!

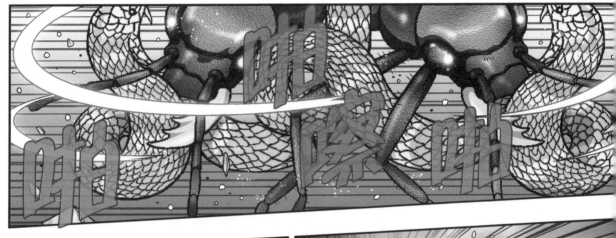

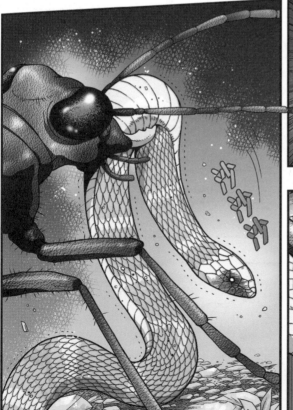

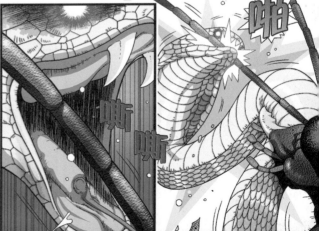

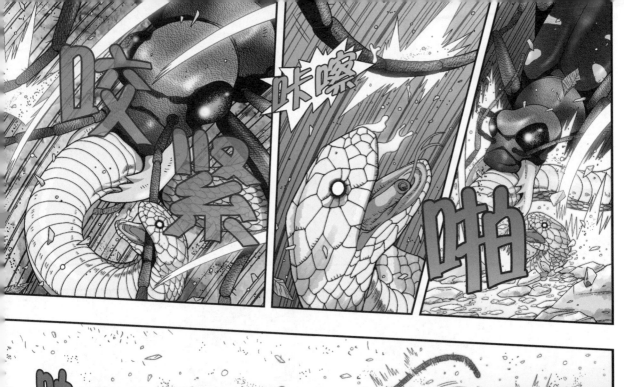

还在搏斗吗？

哎呀呀

那……那家伙正在
吃眼镜王蛇呢!

成年虎甲虫大约2厘米长,
但这只大概超过1米了吧!

好像基因突变越
来越严重了。

因为性格残暴,所以才被叫做"虎甲
虫"。这种块头的话恐怕我们也要成
为它的盘中餐了。

现在不是感
叹的时候!

快走!

凶猛的暴食者——虎甲虫

©Shutterstock

虎甲虫的头部

属于鞘翅目(Coleoptera)的虎甲虫生有能观察四方的大眼睛、速度飞快的腿和为便于撕咬食物而异常发达的嘴巴，它是拥有最佳暴食条件的食肉昆虫。再加上其暴虐的习性，面对比自己大的昆虫也会毫不畏惧迎头而上，所以被称为昆虫界的老虎，因此得名虎甲虫(Tiger beetle)。

● **主要特征** 利用特有的快腿追上食物后扑上去是虎甲虫的捕猎方式。根据生活习性的不同，虎甲虫可分为昼行性和夜行性两种。昼行性虎甲虫大部分体色艳丽，具有金属光泽；而夜行性虎甲虫的体色则相对比较灰暗。

● **惊人的奔跑速度** 虎甲虫是众所周知的陆地上相对奔跑速度最快的动物。它们的体长不过2~3厘米，但1秒钟内的奔跑距离可达自己体长的171倍。如果它们有人类一样的身高，其时速可达到320~480千米。

⁇ 虎甲虫的父传子承

不仅仅是虎甲虫成虫，其幼虫也以残暴的习性闻名。幼虫一般在坚硬的地面垂直挖洞，然后藏在入口处捕食经过的昆虫。

©Shutterstock

金斑虎甲(Cicindela aurulenta)
栖息地：东南亚的热带雨林
体　长：2~3厘米

昆虫的惊人能力

飞行天才——蜻蜓和牛虻

有正式记录的飞行最快的昆虫是 1917 年在澳大利亚发现的蜻蜓，其时速在一般情况下为 58 千米。而非正式的飞行冠军则是牛虻，雄性牛虻在追逐雌性牛虻时，其飞行时速至少有 145 千米。

大嗓门儿——蝉

在人类听觉范围(20~20000Hz)内，能听到的最大的昆虫叫声来自非洲蝉。它们平时发出的声音在 50 厘米以外的距离测量时大约为 106.7 分贝(表示声音大小的单位)。而 85 分贝的声音就已经开始令人类的听觉受损，由此可知非洲蝉发出的声音是多么的巨大。

跳高的新科状元——沫蝉

前不久人类还普遍认为跳得最高的昆虫是跳蚤，但最近的研究结果表明，跳高的状元应该是沫蝉。体长 3 毫米的跳蚤大约能跳到 33 厘米的高度，但体长 6 毫米的沫蝉却可以跳到 70 厘米的高度。沫蝉起跳时发出的力量少说也有自身体重的 400 倍。

沫 蝉 (Philaenus spumarius)
栖息地：欧洲全境及亚洲、非洲的部分地区
体 长：5~7 毫米

©Shutterstock

第2章 虎甲虫的追击

啪嚓嚓

真是它！怎么
可能……

那家伙,不会是盯着我们追上来的吧?

好像是那样……

……

吃了两条眼镜王蛇,还没满足啊。

体型那么大,肯定吃得也多。

快点逃跑吧。

我可不想变成昆虫的食物。

冷静点,毫无准备地逃跑可能会被逮个正着。

阿拉,为了以防万一,把弹弓拿出来怎么样?

好……好的!

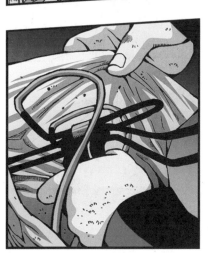

拿着弹弓,心里好像踏实不少。

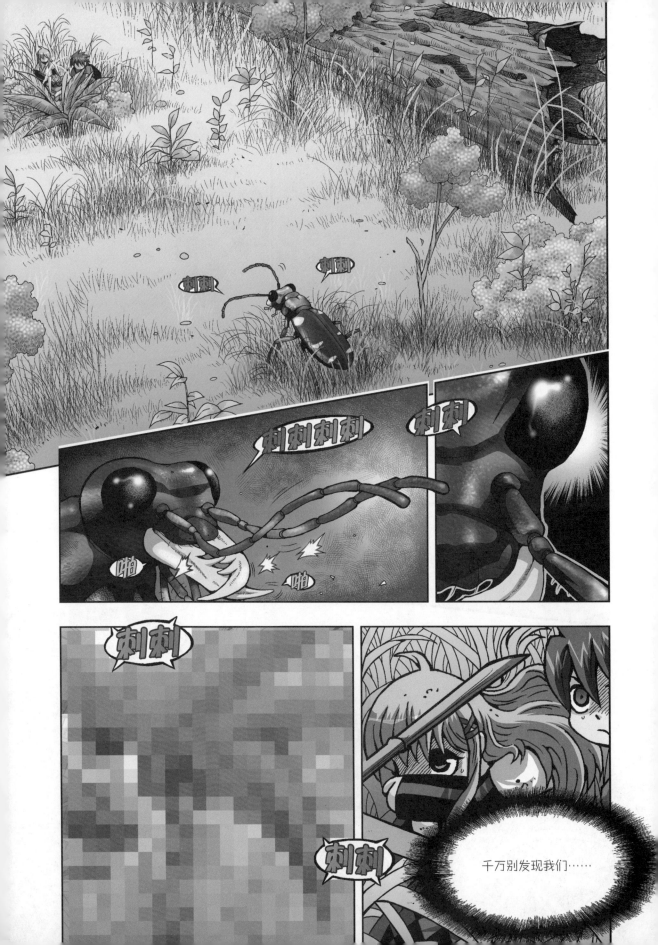

千万别发现我们……

刺刺刺

呃啊！

刺刺

沙沙

刺刺刺刺

沙沙

冲……冲着
我们来了！

得转移这家伙的
视线,怎么办呢?

！！

阿拉,用弹弓吧！

知道了。

沙沙沙沙

刺刺刺

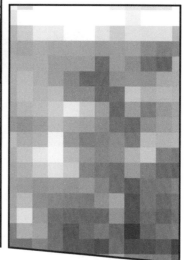

成功了,暂时转移了它的视线。

太好了!

赶紧趁机逃走吧!

刺刺刺刺

刷刷刷

昆虫也有大脑吗?

　　大脑是控制动物的感觉、运动和反应的重要器官。昆虫也必须通过眼睛或触角等器官获取外界的信息,然后按照自己的意愿行动,所以它们当然也有大脑。但是昆虫的大脑与以人类为首的哺乳动物的大脑相比,其性质与作用大不相同。人类的感知感觉、运动指令等所有任务都是由大脑执行的,但昆虫的这些机能则是由许多器官各自分开执行的。

分担大脑功能的神经节

　　在昆虫体内有种叫神经节的器官,这是由神经细胞聚集而成的一种神经束。其中脑部的三种主要神经节(前大脑、中大脑、后大脑)集中构成大脑,昆虫的大脑只负责处理通过眼睛或触角接收的信息和产生荷尔蒙,几乎不参与运动的管理。除了脑部以外,昆虫的胸部、腹部也分布着神经节,它们与邻近的各种肌肉和感觉器官相连,控制着身体的运动。

?!蝗虫没有头也可以活动?

以蝗虫为代表的某些昆虫,不通过头部的大脑,而通过胸部或腹部的神经节来控制全身的运动。所以,就算头没有了,它们也照样能跑会跳。

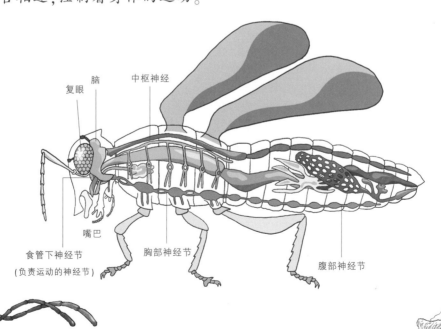

复眼　脑　中枢神经

嘴巴

食管下神经节
(负责运动的神经节)

胸部神经节

腹部神经节

第3章　弹弓的威力

萨莉玛,躲开!

居然在战斗之前就晕过去了,我的脸都丢尽了呀!

啊,太幸运了!

他晕倒得可真是时候。

万幸我纤细的脖子平安无事。

是你们俩解决了虎甲虫吗?真了不起呢!

不是。

好像是由于眼镜王蛇的毒。

眼镜王蛇的毒?

天哪!它中了眼镜王蛇的神经剧毒,还坚持了这么久!

也许因为被咬的是触角才这样吧?昆虫和人类的神经系统不一样……

小宇,蛇的毒液里也含有神经毒素吗?

是的。

蛇毒主要有神经毒素与血清毒素两大类。

眼镜王蛇的毒是典型的神经毒素。这种毒素会破坏猎物的神经系统功能，引起肌肉痉挛、恶心乏力、呼吸困难等症状，最终因呼吸停止而死亡。

而血清毒素会损伤毛细血管，引起大面积出血，并且破坏正常的凝血机制，导致出血不止。

刺刺刺

明白了吧？

嘀嘀咕咕

他是不是脑袋受伤了？怎么忽然变聪明了？

嘘！小声点。

我都听见了！听见了！

嘀咕 嘀咕 嘀咕

飘荡

神经毒素 VS 血清毒素

●**神经毒素** 顾名思义，是会损害猎物神经系统的毒素。通过麻痹猎物的神经系统，使其耳目不明、精神恍惚，并会令其心跳与呼吸暂停。眼镜王蛇的毒素是典型的神经毒素，神经毒素毒发迅速，动物中毒后几秒钟内神经就会被麻痹，短则几分钟,长则几个小时就可能死亡。

喷毒眼镜蛇
(Spitting cobra, Naja ashei)
栖息地:非洲
体　长:1.3~2米
毒的种类:神经毒素
特　征:向敌人的眼睛喷射毒液

©Shutterstock

●**血清毒素** 妨碍血液凝固，破坏红血球、白血球、毛细血管与肌肉组织的毒素。血清毒素会沿着血管扩散到全身引起内出血,如不进行及时有效的治疗会导致七窍流血,因主要脏器受到破坏而死亡。与神经毒素相比,血清毒素致死的过程比较长,有时患者在死亡前可能要遭受数十日的痛苦折磨。

角响尾蛇(Crotalus cerastes)
栖息地:非洲中部沙漠
体　长:0.5~0.8米
毒的种类:血清毒素
特　征:身体总是向旁边移动

©Shutterstock

陆地上最危险的毒蛇有哪些?

在衡量毒蛇所带有的毒液强度时,一般会使用一个叫半致死剂量(lethal dose 50)的数值。它指的是在动物急性毒性试验中,使受试动物半数死亡的毒物剂量。也就是说,当半致死剂量为50毫克/千克时,给每千克受试动物投入50毫克毒物,受试的动物中有一半会死亡。数值越低,表示其毒性越强。不过,由于每条毒蛇的性情与每次喷出的毒液量都有所不同,所以不能仅靠半致死剂量来表示毒蛇的危险性。最危险的陆生毒蛇有以下几种:

第一名

黑曼巴(Dendroaspis polylepis)

栖息地:非洲
半致死剂量:0.3毫克/千克
体　长:2.5~4.3米
毒量(一次):50~120毫克
特　征:速度快、性情残暴,一条黑曼巴曾一次致死13人。

第二名

太攀蛇(Oxyuranus)

栖息地:澳大利亚
半致死剂量:0.02毫克/千克
体　长:1.8~2.5米
毒量(一次):44~110毫克
特　征:毒性最强的蛇但攻击性不强。1克毒液可致死2000只老鼠。

第三名

虎　蛇(Notechis)

栖息地:澳大利亚
半致死剂量:0.2毫克/千克
体　长:2米左右
毒量(一次):35~189毫克
特　征:澳大利亚最需要小心的毒蛇,有时会入侵村庄捕食老鼠或家禽。

第四名

眼镜王蛇(Ophiophagus hannah)

栖息地:东南亚
半致死剂量:1.7毫克/千克
体　长:最长5.7米
毒量(一次):350~500毫克
特　征:最大的毒蛇,会捕食其他的蛇。平时性情温顺,但保护自己的窝时,会变得十分凶猛。

第4章　天空中飞翔的种子

那个……

忽然喘不过气来,还有点晕,难道这就是被虎甲虫攻击的后遗症?

别装蒜了!

呼味 呼味

快点说啊!

呃呃!

是种子没错。

对吧?

是吗?

中间又圆又扁的就是种子,外形很像滑翔机,它可以随风飘到很远的地方。

这是"翅葫芦"的种子。

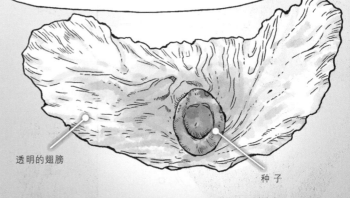

透明的翅膀

种子

翅葫芦是一种藤蔓植物,主要生长在水量充足的江边……

它的果实和人的脑袋差不多大,成熟后果皮会爆裂,里面的数百个种子会喷涌而出。

只要遇上风,就可以飞到数十千米外的地方。

呼

飘荡

飘荡

咦,只用嘴轻轻一吹就飞起来了!

种子善于飞翔，多亏了科学的设计哟。

设计？

究竟是哪位科学家设计了这些种子呀？

什么科学家！是大自然的功劳！

真笨！

天哪！

因为种子在中间，所以能够维持重心平衡，而宽大的翅膀可以让种子在空中随风飘荡。

上反角是机翼和水平面之间向上的夹角，

上反角

可以修正飞行姿态，实现平稳飞行。

将机体的重心置于机翼的下方。

飞机平稳飞行的方法

一边的机翼稍稍扬起、机体向另一边倾斜，向下倾斜的机翼受到的向上的回复力。

翅葫芦种子的重心适中，下落时翅膀向上翘起，形成上反角。所以可以像飞机一样平稳滑翔。

另外，翅膀像滑翔机机翼一样向上扬起形成一个上反角，所以很容易产生浮力*。

＊浮力：在液体或气体中的物体，受到的向上托的力。

阿拉的知识真是丰富呀。

现在明白了吧？

还是有一点不懂，结论不是说这种子是最适合飞行的吗？

但像这样有了翅膀后，就可以落在不同的环境里。比如这里，有一棵巨大的树倒了下来，让阳光可以直射到地面，有可能形成新的树林。如果在这种地方生根的话，生存的可能性就高多了。

刷啦

可是大树是怎么知道这样传播种子是最有效的，然后一直维持到现在的呢？

很久以前，地球上生存着许多种用不同方式传播种子的树木。只有生命力最强大的种子才繁衍到了现在。

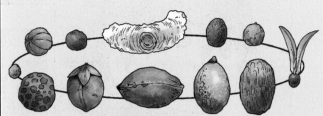

1895年英国著名生物学家查尔斯·达尔文在《物种起源》里论证了"物竞天择,适者生存"的观点。

也就是说,适应自然环境的生物将会生存下来,相反,不适应的生物则会被淘汰。这就是他的"自然选择学说",也叫"自然淘汰学说"。

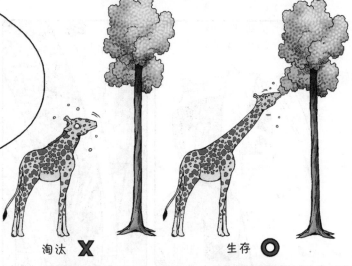

淘汰 ✗   生存 ○

说到底一切都是由自然决定的呀。大自然真是伟大啊!

伙伴们,你们看看这个!

那是什么?

没见过呢!

哦,这个!

震惊

喂!

哎呀!呸!呸!啊,怎么让我吃这种东西呢?

我什么时候让你吃了?只是让你们看看!

傻呀,你?

同样给了你们俩,你一把就放嘴巴里了,你看阿拉就不……

呃呃……

阿拉和我要是生活在这热带雨林里的话,百分百是要被淘汰的。

这应该叫做"傻瓜淘汰学说"吧?

呸

咣当当

这是婆罗洲热带雨林中最常见的龙脑香科*树木的果实。果实里含有种子。

*龙脑香科:生长在热带雨林中的乔木,是双子叶植物纲中的一科。

果实上生有翅膀,果实掉落时会像螺旋桨一样旋转,乘风飞到远处。

我们来试试它到底有多会飞吧?

没这个必要吧……

沙沙沙

刷刷刷

嘭!

能在天空中飞翔的种子

在自然状态下,植物为了繁殖,最重要的是令种子移动并尽量广泛传播。传播种子的方法有:果实被动物吃掉后种子随动物粪便排出、利用气囊在水上漂浮、长满倒钩或能分泌黏液的种子附着在动物身上移动等。其中最有趣的方法是,利用种子上的"翅膀"飞到远方的方式。带有翅膀的种子可分为直升机型与滑翔机型两种。

© Shutterstock

枫树的种子

●直升机型　这类种子的翅膀较小,在空气中遇到阻力后会像直升机的螺旋桨一样旋转并降低种子下落的速度。下落速度缓慢的种子遇到风就可以飞到较远的地方。枫树的种子就是典型的例子。

●滑翔机型　种子的两边有薄而轻的大翅膀,能像滑翔机一样乘风飞翔。东南亚与新几内亚的藤蔓植物翅葫芦是典型的物种。这类种子很轻,构造适宜飞行,据说仅靠吹一口气也可以飞出很远。

© mayoneko

翅葫芦的种子

达尔文与自然选择学说

进化论之父——达尔文

查尔斯·达尔文 (1809~1882)

英国的生物学家查尔斯·达尔文经过20多年的研究，写成了《物种起源》这本书，成为进化论的代表性人物。事实上，在达尔文以前，他的爷爷伊拉斯谟斯·达尔文与法国的生物学家拉马克等也曾提出生物进化学说，但未能从科学上论证，只停留在空想阶段，所以未能得到世人的认可。达尔文是第一位为生物进化论提出合理的证据、系统地阐述进化过程的人。他发表的进化论对于当时相信上帝创造万物的西方人来讲，在科学、宗教及世界观方面都引起了极大的反响。

达尔文主张的自然选择学说

自然选择学说是达尔文进化论中最为核心的部分。人类在饲养家畜或种植蔬菜时，会只选择大而健壮的物种培养。同理在自然环境中，有能力获取食物或能够保护自己的生物得以生存下来，并将其性征遗传给后代，这就是进化的理论。

用保护色隐藏身体的飞蛾　保护色是典型的进化产物，由于突然变异而具备了保护色的物种与不具备保护色的物种相比，更多地在自然环境中生存下来，并将其性征遗传给了后代，这就是进化的过程。

第 5 章　龙眼鸡

等一下再走。

怎么了？前面有什么？

嘘！

哗哗哗

是水，我好像听到水声了。

真的吗？

真的呢！听到前面的水声了！

哗哗哗……

看来是找回江边了。

哇哈哈！

绕了这么一大圈，真不容易呀！

我说什么来着？只要跟着我走……

咦？

太无耻了……等等我！

嗒嗒嗒

被它唾液里的细菌感染了的话,大概很难活下去吧?

真是恐怖呢。

真是出尽了洋相。

……

啧 啧

啊呜 啊呜

啧

啧

既然找到了支流,那加快速度的话,在日落前就能到达目的地了。

是吗?

咦？那是……

扑棱棱棱

啊，那只昆虫叫什么名字来着？忽然想不起来了。

昆虫？

对了，龙眼……

哇！

……以

是超级萤火虫！

哦哟,那是龙眼鸡,又叫长鼻蜡蝉。

什么?龙眼?

嘿嘿,我看它发光,还以为是萤火虫呢。

萤火虫不是夜晚才出来活动的吗!

啪

龙眼鸡主要栖息在热带地区,它们像蝉一样靠吸食树木的汁液为生。

如果它们的数量过多的话,将会导致大量的树木枯死。

龙眼鸡头顶伸出的突起呈鲜艳的红色,比身体其他地方的颜色更加鲜艳,看起来像在发光,但实际上并不是。

啊哈,这里有块点心!

龙眼鸡头上的突起,乍一看像虫子的躯干,这是一种具有防御功能的伪装。

遇到危险时,龙眼鸡的翅膀还会突然打开,后翅的颜色及斑纹与前翅有很大差异,顶端有一块深色斑纹。突然张开的翅膀会在瞬间对鸟儿的脑子造成混乱,龙眼鸡就可以趁机逃走。

听了解释也弄不懂。

只有亲手摸一下发光的部分……

不要摸!

龙眼鸡的身上有毒，摸了可能会引发皮肤病。

啊……是吗？

哎呀，手差点要废了。原来正常大小的昆虫，也这么厉害呀！

华丽的害虫——龙眼鸡

龙眼鸡的突起

龙眼鸡又叫做长鼻蜡蝉，属于半翅目(Hemiptera)蜡蝉科(Fulgoridae)中头部前端有圆锥形突起的东方蜡蝉属(Fulgora, Pyrops)。可以说是蜉象、蝉、水黾的远亲。不仅体型庞大(长8厘米左右)，而且身上的花纹颜色艳丽，十分漂亮，所以广受昆虫标本收集者的喜爱。龙眼鸡不会咬人，但身上的亮粉可能会引起过敏反应。龙眼鸡靠吸食树木或水果的汁液为生。主要栖息在热带雨林地区的龙眼鸡，受全球变暖的影响，在温带地区也时有出现，由于它们会导致树木枯死，所以被人们视为害虫。

对龙眼鸡的误解

龙眼鸡头部突起的部分的颜色是比体色亮丽的荧光色，常被人误以为它可以发光。因此龙眼鸡的英文名称里包含了 Lantern(灯笼)和Candela(蜡烛)这两个单词。但迄今为止，尚未发现能够发光的龙眼鸡。

龙眼鸡(Lantern-fly / Pyrops candelarius)
栖息地：东南亚
体　　长：4~8厘米

第6章 竹林遇险

好大一片竹林！

天哪！

比韩国的竹子粗好几倍呢！

哇呜，真粗啊！

热带雨林里降水丰富、土地肥沃，非常适宜植物生长。

再加上竹子的种子本来就大。

对了,你知道吗? 竹子虽然长得像树,但其实是多年生*的草本植物。

哎呀呀!

你是越来越小瞧我了!

*多年生:指植物能连续存活多年。

给我仔细听好了,竹子不会长粗只会长高。

竹笋有多粗,竹子就有多粗。

拉扯

啊啊

捏住

拉扯

一般在几个月之内,竹子就能长足高度,然后变得越来越坚硬,因此没有年轮。这是自然课上学过的知识!

喂,把手拿开! 好疼啊!

啪嗒

原来你这种笨脑筋也上过学呀。

真没想到呢!

你说什么?

不过年轮是什么?

把树干横着截断时,断面上的环形纹理就是年轮。

环形?

在四季分明的温带地区,春季和夏季树木的细胞分裂旺盛,生长迅速,而秋季和冬季树木的生长则会减慢。

不同季节长成的细胞的大小与颜色都有差异,这种差异留下的痕迹就是年轮。因为一年长一圈,所以可以用年轮来计算树木的年龄。

一年

年轮是树木体积增长的证明,要想形成年轮,必须要有叫形成层*的分生组织。

*形成层:植物的茎和根中的一种组织,有不断分裂增殖的能力,使茎和根不断变粗。

好了,你们俩去那边的竹林找一下,看有没有适合当竹枪的竹子吧。

是吗?多亏了你,我学到了好多东西呢。

知道了。

去看看。

会有合适的吗？

唉？

是……是炮弹！
快趴下！

咦？

这些脚印的形状各不相同，看来有很多动物来吃竹笋呀。

这会是什么动物？从脚印的大小和深度来看……

？!!!

刷

伙伴们,快逃啊!

什么?

是苏门答腊犀牛!

你肯定跑不过犀牛的!快爬到竹子上去!

大概是苏门答腊犀牛来吃竹笋,看到小宇,受到了惊吓才攻击他的。

因为苏门答腊犀牛独自享有广阔的领地,所以其警戒心非常强。

我还以为只有非洲才有犀牛呢。它的名字是来自苏门答腊岛吧?

嗯。

苏门答腊犀牛只能在马来半岛、苏门答腊岛和婆罗洲岛见到,是濒临灭绝的物种。在现存的五种犀牛中,苏门答腊犀牛是最小、最原始的一种。

咔咪 咔咪

体长 2.5~3.2 米,体重 1 吨左右,长有大小不同的两只角。覆盖在全身的红色体毛是它与其他犀牛的最大不同之处。主要栖息在热带雨林的水边或竹林中。

苏门答腊犀牛

非洲犀牛

印度犀牛

116

味溜

啊啊

啊啊

阿拉,你没事吧?

嗯,只是滑了一下。使劲抱着竹子,胳膊都抽筋了。

哎呀,它什么时候才会走啊?

啊

呼味

终于走了!

啊,有救了。

呼味

讨厌的家伙,快走吧!

好了!

现在下来吧。

好的。

小宇,小心点!

嘿嘿!

这么慢,什么时候才能到地面?

紧

你又想干什么……

啊哈

刷啦啦

植物的生长

生长指的是组成生物体的细胞体积变大或数量增多而令生物体由小变大的过程。与全身细胞都会分裂生长的动物不同,植物的生长几乎总是局限于某些特定的区域,例如茎和根的生长都局限于顶端一小段区域内。

●高度生长:植物的茎与根尖上有细胞分裂的生长点。高度生长就是生长点中不断产生新的细胞并且迅速伸长,使茎与根的长度变长。

●体积生长:植物根、茎的加粗,是侧生分生组织形成层进行侧生生长的结果。几乎所有的植物都会有高度生长,但体积生长在单子叶植物中并不存在。

> ⁈ 竹子的迅速生长!
>
> 竹子的每一竹节都有生长点,所以与一般的植物比起来,其特征是生长非常迅速。据说竹子1小时的生长高度相当于松树30年的生长高度。湿气越重、气温越高,竹子生长得越快,甚至一天内可生长121厘米的高度。

©Shutterstock

郁郁葱葱的竹林:与一生都可生长的一般植物不同,竹子只有一年的快速生长期。

活化石——苏门答腊犀牛

●**主要特征** 世界上现存的五种犀牛是苏门答腊犀牛、印度犀牛、爪哇犀牛、非洲犀牛和白犀牛。其中,生活在缅甸、马来半岛和苏门答腊岛等地森林深处的犀牛被统称为苏门答腊犀牛。这种犀牛生有两只角,是体型最小的犀牛。苏门答腊犀牛最独特的特征是覆盖于全身的浓密的毛。这是生活在人类祖先出现的更新世时期(约 160 万年前~1 万年前的地质时期)的披毛犀牛的特征,也是苏门答腊犀牛比其他犀牛更为原始的证据。有人甚至认为苏门答腊犀牛接近于犀牛的祖先,从而称它们为活化石。

●**灭绝危机** 目前,苏门答腊犀牛面临着严重的灭种危机。其原因有:热带雨林被人为破坏,犀牛的栖息地在日益缩小;有些人盲目地相信犀牛角有神奇的药效,为了得到犀牛角而大量猎杀犀牛。

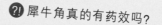

⁉️ 犀牛角真的有药效吗?

犀牛的角乍一看像鹿茸(鹿的角)一样是由骨头构成的,但事实上却是由组成脚指甲、头发的蛋白质——角蛋白构成。可以毫不夸张地说,犀牛的角和脚指甲具有相同的药效。

©Shutterstock

苏门答腊犀牛
(Sumatran rhinoceros)
栖息地:缅甸、马来半岛、苏门答腊岛的部分地区
体　长:2.5~3.2 米
身　高:1.38 米左右
体　重:1 吨左右

第 7 章 塔兰托毒蛛的脚印

看排成排延伸的样子，应该是动物的脚印吧？

萨莉玛,你估摸着这是什么动物呢？

这个……

脚印？

一,二。

三。

四。

首先，从形状上来看这应该不是哺乳动物或爬行动物。

……

奇怪，脚印是从哪儿开始的呢？

不是那里……

粗略估算,体宽应该超过 1.5 米。

1.5 米?

如果这些是同一只动物的脚印,那它可能是突然变异的动物。

我仔仔细细地数了一遍,好像一共有八个不一样的脚印。

八只脚的话就是四对,那么应该是蝎子或蜘蛛等节肢动物了。

不,这是蜘蛛的脚印。

那会是另一只突然变异的蝎子吗?

你……你说蜘蛛?

哎,不会吧!

萨莉玛,如果按照你说的是一只基因突变的巨大蜘蛛的话,那这附近应该有一张像房子一样大的蜘蛛网吧?

但我四处查看了,这里连一丝蜘蛛网都没有,这是怎么回事呢?

不能仅靠蜘蛛网来判断附近有没有蜘蛛。

很多人都误以为所有的蜘蛛都结网,其实并不是那样。

是吗?

虽然蜘蛛的种类非常多,但按照其生活及捕食方式大致可分为结网性蜘蛛和徘徊性蜘蛛两种。结网性蜘蛛结网后,停留在原地捕获食物;徘徊性蜘蛛则没有固定的住所,到处巡回捕猎。

横带人面蜘蛛(结网性)

跳蛛(徘徊性)

那这就是徘徊性蜘蛛的脚印了?

不过,萨莉玛,你是靠什么证据来判定的呢?

脚印就是证据

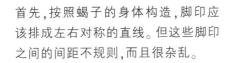

首先,按照蝎子的身体构造,脚印应该排成左右对称的直线。但这些脚印之间的间距不规则,而且很杂乱。

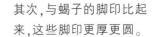

其次,与蝎子的脚印比起来,这些脚印更厚更圆。

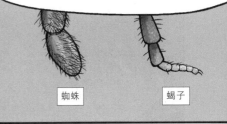

蜘蛛　　　　蝎子

最后,决定性的证据是脚印上细微的绒毛。

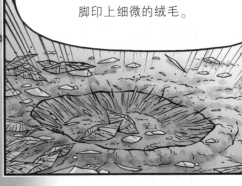

因为这片雨林中脚上有绒毛的节肢动物只有徘徊性蜘蛛。

了不起。

光看脚印就能推断出这么多东西来……

那我们得小心哪些蜘蛛呢?

婆罗洲热带雨林里最著名的徘徊性蜘蛛就是……

塔兰托毒蛛！

什么？

塔兰托毒蛛不是臭名昭著的恐怖毒蜘蛛吗？

不是所有的塔兰托毒蛛都带有致命的毒性。

大部分与马蜂相似，只带有微弱的毒性*。

塔兰托毒蛛的坏名声源于好莱坞电影《Tarantula》。但其实这种体型巨大的蜘蛛对人并无危险，而且早就有人把这种蜘蛛当宠物养了。

*对于过敏体质的人来讲，被塔兰托毒蛛咬了更容易产生强烈的疼痛感或产生其他副作用。

反正塔兰托毒蛛变得巨大的话，一次性注入人体的毒量可能会增加，更易导致人类死亡吧？

那个嘛，应该是这样。

婆罗洲的塔兰托毒蛛原本就动作敏捷且极富攻击性，而且，与一般捕食昆虫的蜘蛛不同的是，塔兰托毒蛛会捕猎鼠类或小的蜥蜴。

就算块头突然变大，它也可能藏在不显眼的洞里或树上，发现猎物就猛扑上去，所以必须十分小心。

就是说上下左右都有可能被攻击了？

没错。

左瞧瞧

右看看

居然有比人还大的塔兰托毒蛛，光想想就觉得恐怖……

结论就是它比蝎子更为可怕。

热带雨林可真是个恐怖的地方……

阿拉与虎甲虫作战后变得勇敢多了。

而且……

塔兰托毒蛛一般是夜行性的,所以视觉退化得很厉害。但其他感觉器官都异常发达。

它能够通过感知震动来把握物体的位置,所以要格外注意……

扑哧

啊啊

突然说要格外注意,我就更忍不住了。

啊啊,臭死了!

嘿嘿!

……

嗖嗖嗖嗖

城市里的孩子们都这么没礼貌吗?

你误会了,我可不是那样的。

等一下!

怎么了?

是人的脚印!

什么?

萨莉玛,你哥哥他们是光着脚走路的吗?

光着脚呢!

从那边的痕迹来看,好像是有人在这里遇到塔兰托毒蛛的攻击后被拖走了。

……

这里的原住民们不都是光脚走路的吗?

这……这是哥哥的刀!

什么?!

结网性蜘蛛与徘徊性蜘蛛

蜘蛛不仅种类繁多，而且可以利用蛛网飞行，移动到非常遥远的地方。所以说地球上任何一个地方都生活着蜘蛛，这话也不为过。蜘蛛根据其一般的习性可分为两种：停留在某处生活的结网性蜘蛛和没有固定住所的徘徊性蜘蛛。

●结网性蜘蛛　最主要的特征是结网捕食，又称定居性蜘蛛。有些结网性蜘蛛也会抢夺别的蜘蛛网上悬挂的猎物。对于这类蜘蛛而言，蜘蛛网不仅是生活的家园，而且还是捕食的工具与保护自己不受敌人侵害的武器。

金丝蜘蛛(Nephila clavipes)
栖息地：非洲北部
体　长：5厘米左右
特　征：能抓住鸟的厉害蜘蛛

●徘徊性蜘蛛　为了寻找食物四处徘徊，又称狩猎性蜘蛛。虽然一生居无定所，但它们并非从不结网。为了避寒或避暑，以及在产卵或保护小蜘蛛时，也会被迫结网。

跳蛛(Salticus scenicus)
栖息地：全世界
体　长：5~8厘米
特　征：一般不结网、跳跃捕猎食物

巨大的蜘蛛——塔兰托毒蛛

塔兰托毒蛛指的是属于原蛛亚目 (Mygalomorphae) 捕鸟蛛科 (Therasphosidae) 的蜘蛛,是蜘蛛中的"巨人"。在美洲、非洲、中东、欧洲与亚洲南部、澳大利亚等世界各地均有分布,约 1500 多个品种。塔兰托毒蛛不仅种类繁多,而且各个种类的大小、成长速度、特征等也各不相同,但它们的共同点在于比一般的蜘蛛块头大、体外长毛、具有一定毒性等。

塔兰托毒蛛的语源

塔兰托毒蛛的名字源自 16 世纪时曾生活在欧洲南部的塔兰托狼蛛。当时欧洲人将比一般蜘蛛体型大且生有毛的狼蛛叫做塔兰托,这是借用了意大利南部的城市塔兰托的名字。后来,欧洲的探险家们在非洲发现了属于捕鸟蛛科的蜘蛛,因其生有毛的共同点,也叫它们塔兰托。今天被称为塔兰托毒蛛的蜘蛛就是属于捕鸟蛛科的蜘蛛,但与从前被欧洲人叫做塔兰托的狼蛛是不同的物种。

©Shutterstock

狼　蛛 (Lycosa)
栖息地:全世界
体　长:2.5 厘米左右

第8章 蜕落的表皮

哥哥……哥哥！这到底是怎么回事？

萨莉玛……

刀是哥哥的，但被塔兰托毒蛛抓走的人不一定是哥哥呀。所以要心存希望。

这个我也知道。

但你想想，如果什么事都没有发生的话，能把热带雨林中的生存必需品丛林刀丢掉吗？

那……那个……

我查看了周围,没有其他特别的痕迹。

但在稍微远一点的地方有一些人的脚印,非常模糊。是不是哥哥一行曾经到过这个地方呢?

现在那都不重要了。

要尽快追上蜘蛛。

……

等等我,萨莉玛!

嗒嗒嗒嗒

这是抵抗的痕迹,表面上没有积水,一定是刚才那阵暴雨过后才踩上去的。

幸亏没过多长时间,要赶快了。

萨莉玛,我理解你的心情,但贸然去追很危险。

危险?

害怕的话不用跟我一起去。

阿拉不是那个意思。

你不是说过吗?塔兰托毒蛛行动敏捷而且极富攻击性。

万一像你担心的那样，哥哥被怪物级大小的塔兰托毒蛛抓住了，你一个人怎么救得出来呢？

你不顾危险陪我们深入雨林，我们怎么会不帮你呢？

但是要冷静下来把情况分析清楚之后再去追。

……

对不起。

因为担心哥哥，我说话过分了！

萨莉玛，塔兰托毒蛛捕猎到食物后，会带着猎物移动很远的距离吗？

不大清楚。说实话除了它是夜行性的、触觉灵敏之外，其他特性我都不了解。

我养过塔兰托毒蛛所以了解一点。根据生活习性的不同，塔兰托毒蛛可以分为集中性、徘徊性和乔木性三种。

集中性塔兰托毒蛛是指在地上挖洞并潜伏，等食物经过时跳出来捕猎的类型。这是性情最凶恶、见到什么都会攻击的一种。

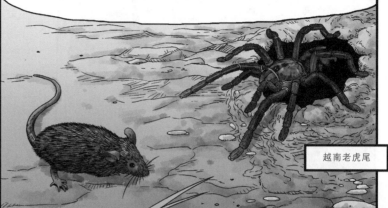

越南老虎尾

徘徊性塔兰托毒蛛四处走动寻找食物，一般在地上结网。动物经过碰到蜘蛛网时就会被它迅速捕食。但它们偶尔也不结网捕猎。

亚马孙食鸟蛛

印度华丽雨林蛛

乔木性塔兰托毒蛛生活在树上，它们在住处附近结网，捕食被网住的食物。

那么这只很可能是徘徊性的塔兰托毒蛛，它把猎物拖回隐身处了。

很可能是那样。

但也不能断定就是那样。

为什么？

随着生长阶段和生活环境的变化,塔兰托毒蛛的习性也可能发生改变。虽然很罕见,但有三种习性都具备的物种。

性格和长相一样阴险啊!

夜行性的塔兰托毒蛛在白天攻击人类,也是突然变异造成的吗?

也可能是。

由于突然变异,动物在变大的同时生活习性也可能发生改变。但是,夜行性动物并不是只在夜晚活动的。

我们在寻找塔兰托毒蛛时看看有没有蜘蛛网。出于捕猎或防御的目的,它的隐身处附近应该结满了蜘蛛网。

假如蜘蛛网也像它们的块头那么大的话,那我们也很危险了。

如果我刚才毫无准备地冲进去,说不定会被蜘蛛网缠住吧。

尽量别发出声响,边查看周围和树上有没有蜘蛛网边往前走吧。

好的。

是塔兰托毒蛛！

快藏起来！

比想象中的更大呢。

现在我们怎么办呢？

等一下，它如此暴露在隐身处外很奇怪呀。

离这么近的话，它应该能感知我们的存在了，怎么一动不动呢？

也许……

啊……阿拉！

喂，你在干什么？

快回来，赶紧地！

不用担心，那是塔兰托毒蛛蜕下的表皮。

表皮？

哇呜，真是怪物级别的！

等……等一下，就是说它现在比这更大了吗？

只看表皮不能确定它到底是哪个种类。

和我的大腿一样粗啊！

把表皮挪开，快点！

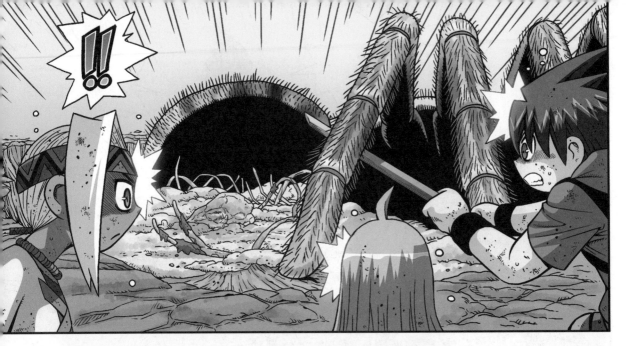

哎呀,是鹿骨。

垃圾场?

这里好像是塔兰托毒蛛的垃圾场。

嗯,这些都是塔兰托毒蛛吃剩下的东西。

这么说……

塔兰托毒蛛的窝应该就在不远处。

看到蜕掉的表皮,我心里更加焦急了……

找到了!

找到它的隐身处了!

嗒嗒嗒嗒

!!!

塔兰托毒蛛的种类

●集中性塔兰托毒蛛　指的是在地面挖洞并藏在洞里生活的塔兰托毒蛛。后腿较短，便于地下生活。性格非常凶恶，除少数外，大多数保卫自己领域的本能强烈，绝对不容许其他动物经过自己的栖息地。

非洲橙巴布 (Pterinochilus murinus)
栖 息 地：非洲东部
体　　长：7.5~12 厘米
特　　征：迷宫型的隐身处

●徘徊性塔兰托毒蛛　在地上到处走动的种类，又叫地上性塔兰托毒蛛。与其他习性的塔兰托毒蛛相比，腿粗胸宽。不停留在固定的地方，常生活在岩石等自然物下面，或者侵占其他生物的隐身处，为了寻找食物到处走动。除了捕猎时，其他时候行动并不迅速。

亚马孙食鸟蛛 (Theraphosa blondi)
栖 息 地：非洲南部
体　　长：30 厘米左右
特　　征：全世界最大的蜘蛛

●乔木性塔兰托毒蛛　指的是生活在树上的塔兰托毒蛛。在离地1.5~3 米高的树枝之间的洞里或树皮下的空间里结网居住。为了便于在树上移动，身体与腿部相对细长，从树上掉下时，长腿可以起到保护身体的作用。

印度华丽雨林蛛 (Poecilotheria regalis)
栖 息 地：印度南部
体　　长：18 厘米左右
特　　征：与树木相似的伪装色

塔兰托毒蛛的生长

　　塔兰托毒蛛的生长阶段大体可分为幼体(成体大小的 1/4,能够捕食及喝水)、亚成体(成体大小的 1/2,不同种类所具有的特性开始显现)、准成体(成体大小的 3/4,性情与习性几乎与成体相同)和成体四个阶段。另外,在幼体以前,塔兰托毒蛛还要经过卵袋、卵、破卵和幼蛛几个变化过程,各个过程的特点如下:

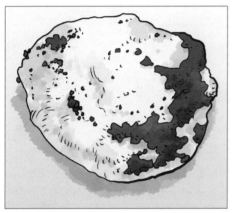

卵袋:雌性塔兰托毒蛛织出一个结实的圆形口袋,并在里面产卵。

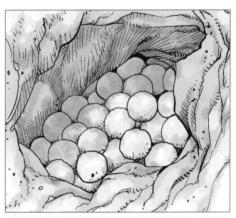

卵:塔兰托毒蛛的卵是黄色的,形状接近圆形。不同的种类,其卵的大小也不一样,但平均为 5~6 毫米。

破卵:塔兰托毒蛛刚从卵里出生时是带着卵壳的。此时头胸部、腹部与腿都已长成,但还不能走动。

幼蛛:破卵后,经过一次蜕皮就变成了幼蛛。虽然已行动自如,但还不会捕猎。

宠物塔兰托毒蛛

　　由于体内所带有的毒性以及捕食时的凶残形象，塔兰托毒蛛被认为是恐怖的象征。但目前已经证实，塔兰托毒蛛的毒性比其他很多毒蜘蛛弱。而它们特有的美丽色彩与奇异的长相却给它们带来了超高的人气，很多人开始把塔兰托毒蛛当宠物养。典型的宠物塔兰托毒蛛有如下几种：

智利火玫瑰 (Grammostola rosea)
栖息地：智利、玻利维亚、阿根廷
体　长：13~16 厘米
习　性：徘徊性
特　征：塔兰托毒蛛最常见的品种，性情温顺

泰国金属蓝 (Haplopelma lividum)
栖息地：缅甸、马来西亚
体　长：13~15 厘米
习　性：集中性
特　征：外表华丽但性情凶恶，毒性也非常强

委内瑞拉红绿橙 (Chromatopelma cyaneopubescens)
栖息地：委内瑞拉
体　长：9~15 厘米
习　性：乔木性 (有时为集中性或徘徊性)
特　征：拥有最华丽的色彩，食量大，生长迅速

智利黄蜂美人 (Euathlus emelia)
栖息地：哥斯达黎加
体　长：10~15 厘米
习　性：徘徊性
特　征：是一种很珍稀的塔兰托毒蛛，性情温顺

巴西白膝头（Acanthoscurria geniculata）

栖息地：巴西北部山林

体　长：16~20 厘米

习　性：徘徊性

特　征：攻击性极强,只要有东西接近,都会展开攻击

墨西哥火脚（Brachypelma boehmei）

栖息地：墨西哥

体　长：12~14 厘米

习　性：集中性

特　征：性情比较温顺,生长速度缓慢

金属粉趾（Avicularia metallica）

栖息地：苏里南、巴西、秘鲁

体　长：13~16 厘米

习　性：乔木性

特　征：生活在树上的物种,体型大但性格温顺

委内瑞拉老虎尾（Psalmopoeus irminia）

栖息地：委内瑞拉

体　长：12~15 厘米

习　性：乔木性

特　征：动作迅速,攻击性强,性情残暴

第9章　马来西亚地老虎

阿拉呀。

你说集中性塔兰托毒蛛是攻击性最强的?这下更难办了。

既然藏在洞里,那它就不是徘徊性的,而是集中性的吧?

徘徊性塔兰托毒蛛有时也会用洞穴做隐身处。

但是很奇怪呀,如果说洞口附近的蜘蛛网是为了捕猎,可是连洞口也封起来了,那出入不是很不方便吗?

通过感知空气的流动与地面的震动，塔兰托毒蛛在黑暗中也能毫无障碍地掌握我们的位置和行动方向。

第一个办法太危险了，不能用。

再加上洞口还有蜘蛛网，这对我们绝对不利。

那就只有第二个办法了。

小宇，你打算怎样把塔兰托毒蛛引出来？

藏在草丛里用一根长树枝使劲敲打蜘蛛网并大声喊叫的话，塔兰托毒蛛会认为网住了食物而跑出来吧？

哇啊啊啊

啪

啪 啪

这计划太随意了吧？而且也不能保证救援的人能进入洞中，很难实现。

是……是吗？

洞里的人中了塔兰托毒蛛的毒，应该失去了知觉不能动弹。要想扶他出来，至少需要你和我两个人。

把人救出来可能需要相当长的时间，单靠敲打树枝是吸引不住塔兰托毒蛛那么长时间的。

稍有不慎的话,阿拉可能会很危险。

……

真正实行起来,要考虑的因素还很多啊。

还有什么办法呢？

时间越久就越危险……

我想到一个好办法！

什么？

是火！用火就可以了！

啪！

在蜘蛛网上撒满落叶和干树枝后点火，那塔兰托毒蛛就会因为烟雾和热气而跑出来吧？

两个人拿着火把等在入口处，它一出来马上就进去。

好办法！热带雨林里有时会有自发性的山火，塔兰托毒蛛很可能会本能地逃走。

我也觉得不错，赶快行动起来吧！

阿拉去收集落叶，小宇捡干树枝，我来做火把！

知道了。

嗯！

好,这些应该够了。

开始行动!

阿拉,一定要小心!

别担心。

再烧旺些！

嘶啪

啪 啪
啪
啪 啪

现在塔兰托毒蛛应
该也感觉到热了吧？

呼味 啪

啪
嚓
啪
嚓
嚓

沙沙

现在可以了！

好！

啪

快点！

到处都是树根和蜘蛛网。

哥哥

哥哥!

哥哥,你在哪儿?

那里像是它的栖身处吧?

哎,这是?

哥哥?

是……是个人!

……

哥哥,你醒醒!

是我,我是萨莉玛!

怎么这么久还不出来?难道是出什么事儿了吗?

啪嗒

啪嗒

是什么?

吭哧……

说不定这孩子知道哥哥的行踪。

啊啊 啊啊 啊啊

小宇,小心!

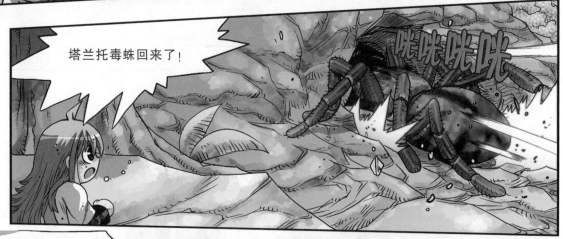

塔兰托毒蛛回来了!

咔咔咔咔

把他放下先对付蜘蛛吧!

刷

拿着这个!

刺
刺

刺

来……来了!

热带雨林中的不法之徒——地老虎

　　主要生活在亚洲南部的一种塔兰托毒蛛，因其背上有与老虎相似的花纹，故称为地老虎。它体长为15～25厘米，属于大型塔兰托毒蛛。典型的地老虎有马来西亚地老虎(Cyriopagopus thorelli)和黄地老虎(Haplopelma schmidti)。

●　性　格　与亚洲其他的塔兰托毒蛛相同，非常凶猛、极富攻击性。不容许附近有其他生物经过，一旦发现，就会采取攻击的架势。塔兰托毒蛛的攻击同时也是保护自己的一种行为。它们首先会抬起前腿并移动毒牙来威胁对方，继续走近的话，它们才会放下前腿用毒牙进行攻击。

●　捕　食　由于所有的塔兰托毒蛛视力都已退化，所以它们通过感觉空气的震动来判断猎物的位置与大小。地老虎通过震动感知到猎物后，会迅速扑上用毒牙咬住以此制住对方。一般捕食比自己块头小的昆虫，但有时也会捕食小的蜥蜴或者比自己大的老鼠。

©Andrew Ang

马来西亚地老虎(Cyriopagopus thorelli)
栖息地：东南亚热带雨林
体　长：15～25厘米
习　性：徘徊性
特　征：攻击性强、性情凶猛

画家李泰虎的
《热带雨林历险记》
第三个故事

各位,大家好!

我是为数码创作的魅力而着迷的画家李泰虎。

稿纸与直尺!

墨水!

圆规与橡皮统统不需要!

创作速度与手工绘制天差地别!

创作环境极度舒适……

现在数码创作是大势所趋了!

数码万万岁!

数码万岁!

哎呀?

啊啊啊啊!

我,我还没保存呢,呃啊啊!

정글에서 살아남기 3

Text Copyright ⓒ 2010 by Hong, Jaecheol
Illustrations Copyright ⓒ 2010 by Lee, Taeho
Simplified Chinese translation copyright ⓒ 2011 by 21st Century Publishing House
This Simplified Chinese translation copyright arrangement with LUDENS MEDIA CO., LTD.
through Carrot Korea Agency, Seoul, KOREA
All rights reserved.
版权合同登记号 14-2010-520

图书在版编目 (CIP) 数据

塔兰托毒蛛 / (韩) 洪在彻著 ; (韩) 李泰虎绘 ; 苟振红译.
-- 南昌 : 二十一世纪出版社, 2013.6 (2024.7 重印)
(我的第一本科学漫画书. 热带雨林历险记 ; 3)
ISBN 978-7-5391-8605-4

Ⅰ. ①塔… Ⅱ. ①洪… ②李… ③苟…
Ⅲ. ①动物-少儿读物 Ⅳ. ①Q95-49

中国版本图书馆 CIP 数据核字(2013)第 087771 号

我的第一本科学漫画书　热带雨林历险记 ③
塔兰托毒蛛 TALANTUO DUZHU　　[韩] 洪在彻 / 文　　[韩] 李泰虎 / 图　苟振红 / 译

出 版 人	刘凯军
责任编辑	姜 蔚
美术编辑	陈思达
出版发行	二十一世纪出版社集团
	(江西省南昌市子安路 75 号　330009)
网　　址	www.21cccc.com
承　　印	江西宏达彩印有限公司
开　　本	787 mm×1092 mm　1/16
印　　张	11.5
版　　次	2011 年 8 月 第 1 版　2013 年 6 月第 2 版
印　　次	2024 年 7 月第 26 次印刷
书　　号	ISBN 978-7-5391-8605-4
定　　价	35.00 元

赣版权登字-04-2011-235　版权所有，侵权必究
购买本社图书，如有问题请联系我们；扫描封底二维码进入官方服务号。
服务电话：0791-86512056(工作时间可拨打)；服务邮箱：21sjcbs@21cccc.com。

我的第一本科学漫画书
绝境生存系列

本系列书三大特色

◆内容丰富多元，故事紧张精彩，让孩子爱不释手、一读再读。

◆借助活泼可爱的漫画人物，以及富有趣味性的情节，将枯燥难懂的科学知识变得生动有趣。

◆每章漫画单元后，均附有清晰完整的彩图及文字说明，让小读者能更深入地了解完整准确的科学知识。

我的第一本科学漫画书

玩游戏，看漫画，学数学，
轻松提高逻辑推理能力！

数学世界历险记

（共八册）

● 开 本：16开
● 定 价：35.00元/册

　　每次数学测验都考倒数第一的郭道奇，他的父母却是数学家。一天，道奇收到父母从美国寄来的一台虚拟游戏体验机，坐在这台游戏机里，道奇进入了一个虚拟的数字世界。数字世界里所有的游戏角色都是立体的，与现实世界中的人一样大小，一样有感情，被他们打了一样会觉得痛。不仅如此，这里还有一个叫路西法的人工智能程序，居然想要统治现实世界。道奇的任务就是解答路西法出的各种古怪的数学难题，阻止路西法的阴谋。

　　这套由小学数学老师参与编写的漫画故事书中，穿插介绍了数学基本概念、数学家的故事、数学知识在生活中的运用等。全套书共八册，每册里都有几个学习重点并配以难易程度不同的数学题。漫画迷们在玩游戏、看漫画的过程中，就可以培养学习数学的兴趣和提高推理能力。

创作团队

洪在彻　韩国著名漫画策划人，《我的第一本科学漫画书·绝境生存系列》《我的第一本科学漫画书·热带雨林历险记》等科学漫画书的作者。

柳己韵　《神秘洞穴大冒险》《原始丛林大冒险》《地震求生记》《南极大冒险》的作者。

文情厚　创作《神秘洞穴大冒险》《原始丛林大冒险》《地震求生记》《南极大冒险》的漫画家，其作品多次获得漫画奖。

李江淑　首尔金童小学数学教师。